Robert Schneider

Die Entwicklung der Kriegstechnik unter ökologischen Aspekten

1500-1918

GRIN Verlag

Impressum:

Copyright © 2009 GRIN Verlag GmbH
Druck und Bindung: Books on Demand GmbH, Norderstedt Germany
ISBN: 978-3-640-44609-4

Dieses Buch bei GRIN:

http://www.grin.com/de/e-book/136055/die-entwicklung-der-kriegstechnik-unter-
oekologischen-aspekten

Inhaltsverzeichnis

1. Einleitung 1

2. Das Schießpulver 2

   2.1. Geschichte 2

   2.2. Die Zusammensetzung 3

   2.3. Verwendung des Schießpulvers 5

3. Die Industrialisierung 8

   3.1. Die weitere Waffenentwicklung 9

   3.2. Die Rolle der Eisenbahn und der Telegraphie 1866 10

   3.3. Umweltverschmutzung durch einen neuen Indsutriezweig 12

4. Giftgas im Ersten Weltkrieg 13

5. Fazit 16

6. Literaturliste 17

1. Einleitung

Schon seit frühster Zeit sind uns Kriege zwischen verschiedenen Völkern, Stämmen oder einzelnen Rivalen bekannt. Schon die alten Griechen verstanden es, ihre Machtkämpfe im Krieg auszutragen. Schon weit vor 500 v. Chr. kam es zu Kampfhandlungen, welche ihren ersten Höhepunkt im Peloponnesischen Krieg fanden[1]. Mit den kriegerischen Auseinandersetzungen gehen aber auch immer technische Entwicklungen einher. Das Heerwesen wurde immer wieder reformiert und mit neuen Ideen versehen. Jede technische Entwicklung, welche im Krieg eingesetzt wurde, baut auf vorhergehenden Methoden und Kenntnissen auf.

Der in dieser Arbeit berücksichtigte Zeitraum von 1500 bis 1918, ist mit seinen vielfältigen Entwicklungen eine Besonderheit. Diese Zeit hat nicht nur das Schießpulver und die damit einhergehende Waffenentwicklung hervorgebracht, sondern vielmehr wurde am Ende dieser Zeit der Übergang von den zahlenmäßig kleinen Einigungsheeren zu den Millionenheeren vollzogen. Dieser Übergang bedeutete nicht nur den Verlust von vielen Soldaten und damit auch ein erster demografischer Einbruch in die Bevölkerungsstatistik, vielmehr vollzog sich zu dieser Zeit ein sprunghafter Wandel des Heereswesens und der damit verbundenen Kriegstechnik.

In dieser Arbeit sollen die fortschrittlichsten und wichtigsten Entwicklungen dieser Epochen dargestellt werden. Dabei kann nicht auf Vollständigkeit Wert gelegt werden, denn das würde den Rahmen der Arbeit bei Weitem übertreffen. Die herausragendsten Techniken sollen dargestellt und näher auf ihre weiteren Entwicklungen eingegangen werden. Doch nicht nur die Waffen, sondern auch die Geschichte der einzelnen Kriege oder der Lebenswandel einer Zeit wird starken Einfluss auf die Arbeit haben. Denn solange man die Art und Weise der Lebensumstände einer Zeit nicht versteht, kann man auch die Kriege und das Heereswesen nicht verstehen. Diese Punkte sind auch für die Fragestellung von enormer Bedeutung. Die Frage, welche am Ende beantwortet werden soll, ist jene nach dem Zusammenhang zwischen der jeweiligen Lebenssituation und der Kriegsentwicklung.

Wichtigste Literatur für diese Ausarbeitung ist zweifelsohne der mehrteilige Band von Georg Ortenburg „Heerwesen der Neuzeit", welcher präzise die technischen Entwicklungen der Waffen, sowie auch die Änderungen der Taktik im Heerwesen darstellt. Weiterhin wurden wichtige Werke der einzelnen Epochen für die Darstellung der Geschichte benutzt.

---

[1] Dreher: S. 125.

2. Das Schießpulver

2.1.   Geschichte

Die Frage von wem das Schießpulver erfunden wurde ist bis heute nicht geklärt Zwar gibt es verschiedenen Annahmen, jedoch wird man es nie hundertprozentig herausfinden können, vom wem die erste Nutzung des Schießpulvers stammt. Die ersten Nachrichten von so genannten Brandsätzen, welche den Namen „griechisches Feuer" erhielten, sind uns bei den Chinesen und aus Byzanz übermittelt. In Byzanz soll das Schießpulver mehrfach die Stadt vor Eindringlingen gerettet haben. Im Hochmittelalter kennen zwei Gelehrte die Rezeptur

Quelle: http://www.bodensee-sternwarte.de/Archiv/AlxB/themen/040816/schwarz.png

für das Schießpulver. Zum Einen ist es Roger Bacon aus England und zum Anderen Albertus Magnus aus Köln. Der deutsche Philosoph und Theologe bezeichnete das Pulver noch als *„fliegendes Feuer"*[2] und gibt eine genaue Anleitung für die Gewinnung der Rohstoffe, sowie die Mischung und das Mischungsverhältnis der einzelnen Bestandteile. Dort ist die Rede von: *„Und merke, mit Bezug auf Schwefel sollst Du 3 Teile Holzkohle nehmen und mit Bezug auf Holzkohle 3 Teile Salpeter."*[3]. Daher habe wir in dieser Quelle ein Verhältnis von neun Teilen Salpeter, drei Teilen Kohle und einem Teil Schwefel. Schießpulver war also schon vor 1300 in Europa bekannt und man geht stark davon aus, dass es von China über den Nahen Osten bis nach Europa gelangt ist. Deswegen vermutet man auch den Ursprung des Pulvers in China. Doch die erste Nutzung des explosiven Gemisches war auf keinen Fall darauf ausgelegt Geschosse abzufeuern und damit Schlachten zu gewinnen. Vorerst wurde es dazu benutzt Feuerwerkskörper abzufeuern. Die Benutzung als Antrieb von Geschossen im militärischen Sinn bekam das Schießpulver erst später[4].

Die Annalen von Gent, welche 1313 entstanden, verweisen das erste Mal darauf, dass man das Pulver zum Betrieb von Geschützen benutzte. Im Laufe des 14. Jahrhunderts sind dann auch die ersten Fabriken, welche das Pulver herstellten urkundlich erfasst. Die Rede ist hier von den beiden Fabriken auf deutschem Boden. Augsburg (1340) und Spandau (1344)[5]. Natürlich stehen die beiden Fabriken nur stellvertretend für unzählige andere

---

[2] Bretscher.
[3] Bretscher.
[4] Ortenburg: Waffen der Landsknechte. S. 49.
[5] Ortenburg: Waffen der Landsknechte. S. 49.

Produktionsstätten, welche nach und nach entstanden. Denn nachdem man erkannt hatte, dass das Pulver zur Abschreckung von potenziellen Feinden oder später sogar als richtige Waffe verwendet werden konnte, brauchte man immer mehr Schießpulver und somit auch weitere Fabriken zur Herstellung davon.

Wichtigster Rohstoff zur Herstellung von Waffen und Kriegstechnik war mit weitem Abstand das Eisen. Die bedeutendsten Kriegsinstrumente des Mittelalters waren die Schwerter und somit war es für die damaligen Kriegsherren relevant, wie hart ihr Schwert geschmiedet wurde. Je besser die Schmiedekunst, welche von einem Schmied auf ein Schwert übertragen wurde, desto besser und härter wurde das Schwert. Hier war ganz besonders die technische Fähigkeit der Schmieder gefragt. Die besten Schwerter bekamen schon vor Ruhm und Ehre einen eigenen Namen. In Bezug darauf ist das sagenumwobene Schwert Excalibur als Beispiel anfügen. Das Bergwesen hatte sich in Deutschland in der Neuzeit als führender Wirtschaftssektor hervorgehoben und war Mittelpunkt der Bergbauindustrie in Europa. Die Standorte waren meist deutlich abgesteckt. So fand man die Hauptgebiete der Montanindustrie in Regionen von Österreich, im Erzgebirge, im Harz, in der Oberfalz und im Sauerland[6].

Das größte Zentrum für den Handel von Waffen in Deutschland war die Stadt Nürnberg gewesen. Neben dem eigenen Metallgewerbe siedelten sich hier auch eine Menge Verkäufer und Zwischenhändler an. Weitere Zentren der Waffenindustrie waren Suhl, Solingen und Essen[7]. Im 17. Jahrhundert verlagerte sich dann das Hauptzentrum der Waffenproduktion von Deutschland nach Schweden. Die dort vorkommenden Kupferlager bei Falun und die vorrätigen Eisenerze konnten unbedenklich für die Waffenproduktion verwendet werden[8].

2.2.   Die Zusammensetzung

Die Grundstoffe der Schießpulvermischung wurden schon im vorherigen Kapitel genannt. Es sind Salpeter, Schwefel und Holzkohle. Der Salpeter konnte in zwei Formen verwendet werden. Entweder als Kalisalpeter (KNO_3) oder als Natriumsalpeter ($NaONO_3$). Wobei an dieser Stelle wichtig zu sagen ist, dass der Natriumsalpeter eher ungeeignet für die

---

[6] Ortenburg: Waffen der Landsknechte. S. 17.
[7] Wobei man Suhl von den anderen beiden Städten absondern sollte. Denn Suhl galt zu jener Zeit als Hauptzentrum der Eisenwarenherstellung. Von Suhl aus wurden alle Seiten beliefert.
[8] Ortenburg, Georg: Waffen der Landsknechte. S. 24 f.

Herstellung von Schießpulver war. Diese Art des Salpeters war hygroskopisch und zog dadurch leicht Feuchtigkeit an und zusätzlich entstanden viele Verbrennungsrückstände.

Der Salpeter wurde an jenen Stellen gesammelt, wo sich organische Stoffe zersetzten und in Ammoniak übergingen. Diese organischen Stoffe waren meist Urin, Jauche oder auch Kot von Tieren. Man konnte den Salpeter also zu großen Teilen aus Tierställen gewinnen und dann weiter verarbeiten. Der Salpeter bildete durch Einwirkung von Feuchtigkeit an der Oberfläche Salpeterkristalle, welche auch „Kehrsalpeter" genannt wurden, weil man sie leicht von der jeweiligen Oberfläche abkehren konnte. Um mehr Salpeter zu gewinnen, legte man auch großflächige Plantagen zu Salpetergewinnung an. In der Donau-Tiefebene kam es zudem an verschiedenen Stellen zu Ausblühungen des Salpeters aufgrund der dort vorherrschenden Bodenverhältnisse. Gleicher Art war der sogenannte „chinesische Schnee", welcher aus dem Nahen Osten nach Europa kam. Aufgrund dieser Tatsache, vermutet man auch weiterhin, dass das Schießpulver in China zuerst erfunden wurde und dann über den Nahen Osten nach Europa kam[9].

Wichtig bei der Herstellung war, dass der Salpeter rein war und deshalb wurde er in Wasser gelöst und später gekocht. Dadurch bildeten sich wiederum Salpeterkristalle, welche man zu Herstellung des Pulvers benutzen konnte. Der Schwefel wurde entweder im Bergbau abgebaut, oder resultierte als Nebenprodukt beim Verhütten schwefelhaltiger Erze. Das Mischungsverhältnis des Schießpulvers war nicht eindeutig zu ermitteln, denn verschiedene Quellen gaben auch immer ein unterschiedliches Mischungsverhältnis an. Man nimmt an, dass ein optimales Verhältnis aus 73,9 % Salpeter, 14,6 % Kohlenstoff und 11,5 % Schwefel bestand. Zudem variierte das Verhältnis der Stoffe mit der jeweiligen Nutzung des Pulvers. Für die Verwendung in einem Geschütz nahm man 100 Teile Salpeter und je 25 Teile Kohlenstoff und Schwefel; eine Pistole hingegen wurde mit 100 Teilen Salpeter, 12 Teilen Schwefel und 15 Teilen Kohle beladen.

Anfänglich wurde das Schießpulver fein gemahlen, damit es zur besten Durchmischung und somit auch zur besten Verbrennung des Pulvers kommen konnte. Denn je besser das Gemisch verbrannte, desto größere Kraft konnte auf die Kugel einwirken, welche abgefeuert werden sollte. Doch es gab auch Nachteile beim Zermahlen bis hin zu staubfeinen mehlartigen Pulver. Beim Transport konnten sich die Bestandteile vermischen, da sie eine unterschiedliche Dichte aufwiesen. Weiterhin nahm das Schießpulver in diesem Zustand leicht Feuchtigkeit auf und wurde dadurch unbrauchbar, da es im Lauf kleben blieb. Die einzige Lösung war also, damit

---

[9] Ortenburg: Waffen der Landsknechte. S. 49.

diese Probleme nicht auftreten konnten, dass man das Pulver körnig machte. Man fand heraus, dass sich dadurch nicht nur die Nachteile eliminieren ließen, sondern dass auch die Kugeln von dem körnigen Schießpulver mit einer stärkeren Kraft angetrieben wurden[10]. Im Feuerwerksbuch von Faksimile heißt es:

„[...] daß zwei Pfund Knollenpulver mehr tun, als drei Pfund gerädenes Pulver"[11]

Doch vorerst wandte man die Körnung nur bei dem Pulver das für Geschütze benutzt wurde, an. Erst um 1600 setzte man das körnige Gemisch auch bei den Handfeuerwaffen[12] ein. Neben den Treibgasen, die bei der Verbrennung entstanden, wurde durch das Abfeuern eines Geschützes auch ein sogenannter Pulverschleim hinterlassen, welcher sich nach einiger Zeit zu einer festen Pulverkruste zusammenziehen konnte. Generell ist zu sagen, dass die Menge der hinterlassenen Rückstände mit der Unreinheit des Pulvers und dem Anteil von Natriumsalpeter stiegt. Je reiner das Pulver, desto weniger Rückstände konnte man erwarten.

2.3.   Verwendung des Schießpulvers

Bei der Nutzung des Pulvers in Feuerwaffen muss man zwischen zwei Arten dieser Waffen unterscheiden. Zum Einen sind es die Handfeuerwaffen, welche von einem Mann allein getragen und auch bedient werden konnten. Die andere Kategorie sind die Geschütze, welche viel größer sind und nur mit Hilfe von mehreren Personen transportiert und abgeschossen werden konnten. Bei den Geschützen bestand sogar die Möglichkeit, dass sie allein von Menschenhand gar nicht bewegt werden konnten, beziehungsweise dass der Transport nur mit mehreren Dutzend Personen oder mit Hilfe von Pferden vonstattengehen konnte.

Die ersten Handfeuerwaffen wurden auch Büchsen genannt. Die späteren Bezeichnungen waren Handrohre oder Musketen. Viel später bekamen die Waffen dann ihre spezifischen Namen, so wie es heute auch noch üblich ist. Die ersten Quellen welche auf eine Nutzung von Feuerwaffen schließen, stammen von Perugia aus dem Jahre 1364. Dort wurden zu dieser Zeit 500

Quelle:
http://dic.academic.ru/pictures/dewiki/49/180px-Handrohr__um_1400.jpg

---

[10] Ortenburg: Waffen der Landsknechte. S. 50f.
[11] Ortenburg: Waffen der Landsknechte. S. 51.
[12] Damals nannte man sie Musketen.

Büchsen gefertigt[13]. In Deutschland ist der erste Bericht über die Herstellung von jenen Büchsen aus Nürnberg erhalten. In der fränkischen Stadt berichtete man 1388, dass ungefähr 50 Leute mit den Handfeuerwaffen gut schießen konnten[14]. Doch ist generell zu sagen, dass es nur sehr wenige schriftliche Quellen von dieser Zeit zu den Handfeuerwaffen gibt. Der erste bedeutende Fund einer Handfeuerwaffe stammt aus der Ruine der Burg Tannenberg, welche im Jahre 1399 zerstört wurde. Dort fand man die so genannte Tannenbergbüchse. Das Rohr ist über 30 Zentimeter lang und besteht aus Bronze. Am hinteren Ende des Rohres befestigte man einen Holzstab und an der oberen Seite befindet sich ein Zündloch. So konnte der Schütze die Handfeuerwaffe am Holzstab festhalten und dann durch die Entzündung des Schießpulvers abfeuern[15]. Die Anwendung von Feuerwaffen ist aber schon vor den oben genannten Quellen belegt. Bartholomäus von Ferrara berichtet von der Belagerung der Stadt Cividale im Jahre 1331[16]. In der Chronik ist die Rede von Büchsen („ponentes vasa") und von einem Knall oder Donner („Sclopus"). Im späteren Sinne steht der Begriff „Sclopus" für die Handfeuerwaffen, als Abgrenzung zu den Geschützen[17]. Doch ist an dieser Stelle nicht eindeutig ob der Autor nur meint, dass Büchsen im Einsatz waren, welche einen lauten Knall von sich gaben, oder ob schon beide Arten der Waffen bei der Belagerung verwendet worden. Doch Richard Escales sieht es als eindeutigen Fakt an, dass man sowohl Geschütze, als auch Handfeuerwaffen gegeneinander in Stellung brachte[18]. Seine Meinung lässt sich aber in keiner Weise belegen und so scheint es nur eine Vermutung zu sein. Eine weitere Erwähnung in den Quellen zur Nutzung von Geschützen kann man bei der Belagerung von Terni 1340 finden. Dort wurden von dem päpstlichen Heer Donnerbüchsen verwandt, welche Bolzen auf die Gegner abschossen.

> *„Edificium de ferro, quod vocatur tromba marina, [...] tubarum marinarum seu bombardarum de ferro."[19]*

Noch wichtiger als das Schießen ist aber das Laden der Büchsen. Zwischen dem Pulver und dem Geschoss, welches abgefeuert werden sollte, musste ein Pfropfen gelegt werden, welcher das Rohr fest verschloss. Dieser Pfropfen war nötig, damit die Kräfte der Explosion die Kugel antreiben konnten. Ohne den Pfropfen lief man Gefahr, dass die Kräfte nicht ihre volle Wirkung erreichen konnten und die Kugel nur mit geringer Schnelligkeit aus dem Lauf

---

[13] Carmann: S. 89.
[14] Ortenburg: Waffen der Landsknechte. S. 52.
[15] Ortenburg: Waffen der Landsknechte. S. 52.
[16] Fromm: S. 231.
[17] Delbrück: S.32.
[18] Escales: S.11.
[19] Delbrück: S.32.

befördert wurde. Da die Kräfte der Explosion in alle Richtungen wirkten, musste man ein festes und schweres Rohr benutzen. Dieses konnte nicht wie die heutigen Waffen allein von einer Person in der Hand gehalten werden. Um damit zu schießen musste man das Rohr auf einen Stiel auflegen, welcher dem Schützen erlaubte den Rückstoß mit dem ganzen Körper abzufangen[20].

Die Wirkung der ersten Handrohre war sehr gering. Dabei ist zu sagen, dass sie dem Bogen deutlich unterlegen waren. Sowohl in der Feuergeschwindigkeit, als auch in der Reichweite. Doch der durch das Abfeuern erzeugte Knall rief bei den Feinden Furcht hervor. Somit hatten die ersten Waffen eher einen psychologischen Effekt, denn an eine Schlacht, geführt mit Waffen, war in der Innovationsphase der Waffe nicht zu denken. Zum Abfeuern der Waffen wurde ein Eisenstab benutzt, welcher erst stark erhitzt wurde und dann eine Zeit lang glühte. Um das kleine Zündloch auch wirklich zu treffen, bedurfte es einer starken Konzentration des Schützen. Zielen und Schießen war kaum möglich. Auch aus diesem Grund konnte man die Büchsen kaum in einem Krieg oder in einzelnen Schlachten einsetzen[21].

Ab Mitte des 16. Jahrhunderts setzte sich die von den Spaniern eingesetzte Muskete als Handfeuerwaffe durch. Die Muskete ist ein Infanteriegewehr, welches eine vier Lot schwere Kugel abfeuern konnte. Das entspricht einer ungefähr 62,4 Gramm schweren Kugel in den heutigen Maßeinheiten. Diese Munition war ungefähr doppelt so schwer wie jene der Büchsen und auch deutlich effektiver. Obwohl die Zündvorrichtungen und die Handlichkeit der Waffen deutlich verbessert wurden, konnten die Soldaten die Musketen trotzdem noch nicht allein halten und brauchten dafür eine Gabel an der sie die Waffe auflegen konnten[22].

Alle Waffen, die ein einzelner Mann nicht allein transportieren und benutzen konnte, nennt man Geschütze. Die ersten Exemplare dieser Waffengattung bestanden aus miteinander verschweißten Eisenstäben. Diese wurden, ähnlich wie bei einem Weinfass, von Eisenringen zusammengehalten. Die erste Munition bestand aus gerundeten Steinkugeln, erst später

Quelle: http://www.jugendheim-gersbach.de/Feldschlange-Kartaune.jpg

stellte man auf gusseiserne Kugeln um. Auch die Größe der Geschosse variierte und entwickelte sich im Laufe

---

[20] Ortenburg: Waffen der Landsknechte. S. 56 f.
[21] Ortenburg: Waffen der Landsknechte. S. 52 f.
[22] Ortenburg: Waffen der Landsknechte. S. 55.

der Zeit. Waren die ersten Waffen noch sehr klein[23], so entwickelten sie sich bis hin zu gigantischen Kartaunen oder sogar Mörsern, welche Geschosse von bis zu 900 Pfund abfeuern konnte[24].

3. Die Industrialisierung

Der Aufbruch in die Moderne und das damit verbundene Ende der alten Zeit begann anfänglich in Großbritannien schon Ende des 18. Jahrhunderts. Diese Zeit zeichnete sich besonders durch die vorherrschende Stadt-Land-Wanderung und die aufkommenden neuen Technologien aus. Durch die Wanderungen der Bevölkerung in die Stadt hin zu den neuen aufkommenden Arbeitsplätzen, wurde die Wohnungssituation in den Städten immer katastrophaler[25]. Familien mussten sich auf engstem Raum zurechtfinden und oft wurden kleine Wohnungen von mehreren Familien bewohnt, um Kosten zu sparen. Die Entwicklungen, welche diese Zeit zu einer ganz besonderen machten, waren ein Teil des Anfangs der Industrialisierung. 1816 fuhr das erste Dampfschiff den Rhein entlang, von der Nordsee bis nach Köln. 1825 nimmt die erste Passagiereisenbahn in England ihren Dienst auf und nach 1850 entwickelt sich die deutsche Schwerindustrie. Um diese Zeit kann man auch die Anfänge der deutschen Industrialisierung sehen, denn mit dem Aufstieg der Schwerindustrie, welche nicht nur aus Eisen- und Stahlproduktion, sondern auch aus dem Maschinenbau bestand, waren die ersten Anfänge einer aufstrebenden Gesellschaft zu spüren. Nach und nach entstand nun ein dichtes Industrienetz und zusätzlich zu der Schwerindustrie entwickelt sich auch langsam die Elektro- und Chemieindustrie. Der technische Fortschritt beschleunigt sich immer weiter und so kam es, dass eine Innovation sofort von der nächsten abgelöst wurde[26]. Tausende von Arbeiter strömen vom Land in die Städte. Dieser Prozess der sogenannten „Land-Stadt-Flucht" vollzog sich wegen den stark ansteigenden Löhnen und den Chancen auf dem Arbeitsmarkt in der Stadt. In Deutschland ist diese Zeit besonders durch die Montanreviere im Ruhrgebiet und die große Wohnungsnot in deutschen Städten bekannt geworden[27]. Die neue Lebenswelt der Bürger ist die Stadt und nicht mehr das Land wie zu früheren Zeiten. Andere suchten ihr Glück in der Ferne und siedelten nach Kanada und den Vereinigten Staaten von Amerika aus. Der durch die neuen Arbeitsplätze entstandene

---

[23] Die Munition der ersten Geschütze war höchstens Apfelgroß.
[24] Ortenburg: Waffen der Landsknechte. S. 65 f.
[25] Heineberg: S.218.
[26] Holst, Insa: S.22.
[27] Heineberg: S.218.

Wohlstand einiger Bevölkerungsschichten bedingte aber auch eine Verarmung einiger Bürger. Einwohnerzahlen von einzelnen Städten verdoppelten sich und ganz neue Städte, wie Oberhausen oder Ludwigshafen, entstanden fast aus dem Nichts heraus[28].

Durch die Eisenbahnen und die Dampfschiffe, kam es zu einer Senkung der Transportkosten und je dichter das Eisenbahnnetz wurde, desto besser und billiger konnte man Waren von Ort zu Ort bringen. Dazu kam ein besserer Ertrag der Landwirtschaft oder der Industrie durch neue Technologien und mehr Arbeitern. Eine der negativen Eigenschaften der Industriealisierung ist jedoch im direkten Gegenzug zu sehen. Durch die Ausbreitung der Industrieviertel und die Entstehung neuer Wohnviertel für Arbeiter und Familien, musste zwangsläufig die Natur dem Fortschritt weichen. Die entstandenen Fabriken wurden ins „grüne" Umland verlegt, damit man mehr Kapazitäten hatte. Schienennetze, Kanäle und begradigte Flüsse zerschneiden die einstige Natur.

Ab 1817 beginnt die Rheinbegradigung, um den Schiffen die freie Fahrt zu ermöglichen. Dieser Eingriff in die Natur hatte natürlich nicht nur positive Folgen. Auenlandschaften verödeten und die Flora und Fauna kehrten an einigen Stellen nicht wieder zurück. Die Arbeiter in den Städten mussten versorgt werden und dank der „Land-Stadt-Flucht" und dem damit verbundenen Arbeitskräfte-Mangel auf dem Land, musste man auch die Landwirtschaft industriell ausbauen. Denn nur so konnte man die Versorgung der Bevölkerung sicherstellen. Der industriellen Landwirtschaft mussten aber weitere Wälder weichen[29]. Durch Arbeiten in den Bergwerken wurden die Flüsse verschmutzt, indem versalztes und schlammiges Wasser abgeleitet wurde. Aus den Eisenhütten- und Stahlwerken wurde schwefliger Rauch in die Luft geblasen, welcher als saurer Regen nieder kam und die Wälder verdorren ließ[30].

3.1.   Die weitere Waffenentwicklung

Viele Jahrhunderte dominierte das Schießpulver als Antriebsquelle aller Waffen und Waffengattungen. Doch die negativen Aspekte des Pulvers lagen in seiner Feuerstärke und in der vermehrten Rauchentwicklung nach dem Abfeuern einer Waffe. Diese Rauchwolke nahm dem Schützen die Sicht. Eine Weiterentwicklung des Antriebpulvers war somit unumgänglich. Den entscheidenden Schritt brachte das neue rauchschwache, mit chemischen Stoffen vermischte Pulver. Das neuartige Schießpulver bestand aus Schießbaumwolle, welche

[28] Holst, Insa: S.23.
[29] Holst, Insa: S.23.
[30] Berhorst: S. 133.

in konzentrierte Salpeter- und Schwefelsäure getaucht wurde. Dieses Gemisch wurde dann zuerst in einen Brei vermischt und später in die gewünschte Form[31] gebracht.

Im Gegensatz zu den hier schon oft erwähnten Treibmitteln, standen die Sprengstoffe. Diese sollten augenblicklich verbrennen und mit einer Explosion vernichtend auf ihre Umwelt wirken. Das üblich verwendete Dynamit war jedoch beim Militär weitgehend unpopulär geblieben. Der mit Nitroglyzerin gesättigte Aufsaugstoff, welcher meist aus Kieselgur bestand und sich durch eine geringe Stoßsicherheit auszeichnete, konnte sehr gefährlich für die eigenen Soldaten sein. 1875 erfand Alfred Nobel eine viel stärkere Sprenggelantine, als er bei einem Versuch Nitroglyzerin und Schießbaumwolle miteinander vermischte. In Deutschland setzte sich das dreifach nitrierte Toluol, oder auch Trinitrotoluol (TNT), durch. Dieser Stoff zeichnete sich durch eine große Beständigkeit und Wirkung aus. Zudem konnte es fast ohne Gefahren für die eigenen Soldaten gehandhabt werden[32].

Bei den Waffen und deren Gebrauch setzte sich das Hinterladergewehr durch. Diese Art des Nachladens von Gewehren ersparte den Soldaten eine Menge Zeit und so konnte man die Feuergeschwindigkeit deutlich erhöhen. An Munition wurden bald Metallpatronen benutzt. Die gesteigerten industriellen Möglichkeiten erlaubten es, immer schneller auf Modernisierungen zu reagieren. So konnte man innerhalb kürzester Zeit die gesamte Ausrüstungsgarnitur einer Armee auswechseln und auf den neuesten Stand bringen. Eine neue Waffengattung, das Maschinengewehr, setzte sich bereits seit dem Deutsch-Französischem Krieg 1871 durch. In diesem Krieg wurde es zur Verteidigung der Stellungen benutzt und wurde noch per Hand mit einer Kurbel, an welcher der Schütze drehen musste, bedient. Bei den Geschützen legte man mehr Wert auf die größtmögliche Beweglichkeit der großen Geschosse und nutzte auch die Hinterladertechnik.

3.2. Die Rolle der Eisenbahn und der Telegraphie 1866

Der Deutsche Krieg von 1866, in welchem Preußen gegen Österreich gegeneinander antraten[33], war der erste Konflikt

Quelle:
http://www.digada.de/industrialisierung/uebersichtindustrie.htm

---

[31] Die Formen waren vorwiegend Blättchen oder Röhren aus diesem Schießwollpulver.
[32] Ortenburg: Waffen der Millionenheere. S. 51.
[33] Haffner: S. 154.

bei dem die neuen Technologien zum Einsatz kamen. Maßgeblich ist hier die Rede von der Eisenbahn und der Telegraphie, welche den Krieg mitentschieden haben.

Die Eisenbahn wurde dazu genutzt, um Truppen oder Material jeder Art an die Front zu bringen. Der größte Vorteil durch die Benutzung der Bahn ist augenscheinlich der schnellere Transport von neuen Truppen oder der Nachschub und die Versorgung der Truppen an der Front. Daher ist es nicht verwunderlich, dass Generalfeldmarschall Graf von Schlieffen 1896 die Rolle der Eisenbahn in jenen Zeiten als „Kriegsmittel", sogar als ein „Kriegswerkzeug" herausstellt[34]. Doch es war den Generälen nicht möglich, den uneingeschränkten Einsatz der Bahn im Krieg zu gewährleisten. So konnten die preußischen Truppen beim Einmarsch in Böhmen diese Technik nicht benutzen, weil die feindlichen Truppen das Eisenbahnnetz zerstört hatten. Dadurch kam es an einigen Stellen zu Versorgungsengpässen, da der Nachschub wieder über den Landweg mithilfe des klassischen Fuhrwerks vonstattengehen musste. Um das Eisenbahnnetz jedoch so schnell wie möglich wieder aufzubauen, setzten die Preußen eine weitere Neuerung im Krieg ein. Der Einsatz von drei Feldeisenbahnabteilungen zur Wiederherstellung der zerstörten Schienen wurde erstmals erprobt.

Durch den Einsatz der Telegraphie wurde die direkte Verbindung der Front mit dem Hauptquartier in Berlin hergestellt[35]. Doch auch hier hatte man dieselben Probleme wie mit der Eisenbahn. In feindlichen Gebieten konnte es dazu kommen, dass die Telegraphen von den gegnerischen Truppen zerstört wurden und erst wieder durch die Fernmelderabteilungen instand gesetzt werden mussten. Doch dieses Verlegen von neuen Leitungen ging langsam vonstatten. Pro Stunde schafften es die Einheiten gerade mal drei bis fünf Kilometer Leitung zu verlegen. Doch der Einsatz der Fermeldertruppen und der Feldeisenbahnabteilungen lag auch in direkter Hand des Befehlshabers. So wurden bei den Schlachten in Mitteldeutschland die Eisenbahnlinien und Telegraphen nach ihrer Zerstörung so schnell wie möglich aufgebaut. Es ist allein Graf Moltke zu verdanken, dass die Infrastruktur schnell aufgebaut wurde. Denn dieser setzte sich für den raschen Wiederaufbau ein und setzte sein Vorhaben in die Tat um. Einer anderen Ansicht war zu gleichen Zeit Prinz Karl Friedrich, der Kommandeur der 1. Armee. Er war der Ansicht, dass es nicht notwendig ist, Kontakt mit anderen Armeen zu halten. Graf Moltke hingegen sprach sich hingegen für den weiteren Ausbau des Schienennetzes aus. Zu dieser Zeit waren die Ideen Graf Moltkes regelrecht revolutionär. Ein Beispiel sei der Einsatz der Truppen vor der Schlacht. War es sonst immer üblich gewesen die Truppen an einem Punkt zu sammeln um dann gemeinsam in die Schlacht zu ziehen, so zog

---

[34] Ortenburg: Waffen der Millionenheere. S. 120.
[35] Ortenburg: Waffen der Millionenheere. S. 120.

es Graf von Moltke vor, einzelne Truppenteile mit der Eisenbahn an die Front zu senden. Der Zusammenschluss erfolgte dann kurz vor der Schlacht. Diese Möglichkeit war völlig neuartig und barg einige Risiken. Denn das Schlimmste was passieren konnte war, dass die Truppen nicht an der Front ankamen, sei es durch einen Defekt der Bahn oder durch ein defektes Schienennetz[36]. Das Eisenbahnnetz von Preußen umfasste über 7000 Kilometer und galt zu jener Zeit als das modernste der ganzen Welt[37].

3.3.   Umweltverschmutzung durch einen neuen Industriezweig

Den Aufstieg der Chemieindustrie wurde durch künstlich hergestellte Farbstoffe begründet. Zu jener Zeit, in der Mitte des 19. Jahrhunderts, kommt es zu vielen Augenzeugenberichten welche schildern, dass der Rhein „nach Verwesung" stinkt und Fischkadaver den Fluss entlang treiben[38]. Schuld daran war eine der Fabriken[39], welche sich mit der Produktion von Farbstoffen befasste und somit der Chemieindustrie den Aufstieg ermöglichte. Das Ausströmen der giftigen Stoffe in den Rhein war jedoch keineswegs ein Einzelfall, sondern zählte schon fast zur Normalität. Das diese Vergehen weitgehend juristisch unbestraft blieben, oder nur mit geringen Strafen belegt wurden, machte die Sache für die ansässigen Firmen noch einfacher. Nur ein Jahr später färbte sich der Main dunkelrot und wieder schwammen tote Fische auf dem Fluss. In diesem Fall war die Firma Cassella schuld, welche denselben Farbstoff wie die Firma Dittler&Co. produzierte. Immer wieder wird von Augenzeugen berichtet, dass der Main seine Farbe ändert. Blau, rot und schwarz gehören zu den üblichen Farben welche der Fluss annimmt. Genauso schien es fast normal, dass jenes Gewässer einen giftigen Geruch von sich gab. Doch zu den erwähnten katastrophalen ökologischen Folgen für die Flora und Fauna des Flusses, kommen weitreichende Folgen für den Menschen und dessen Gesundheit. Aus Flörsheim kommt die Meldung, dass sich eine Frau im roten Wasser gewaschen habe und danach beide Arme mit Blasen überzogen waren[40]. Soda, das sogenannte „weiße Gold", wurde für das Färben und Bedrucken von Stoffen, als Reinigungsmittel oder um Glas und Seife herzustellen benutzt. Die anfallenden Rückstände, Chlorwasserstoff und Kalziumsulfid, wurden in die Flüsse geleitet und der Sodaschlamm auf mächtigen Halden

---

[36] Rademacher: S. 143f.
[37] Rademacher: S. 136.
[38] Berhorst: S. 132.
[39] In diesem konkreten Fall wurde die Firma Dittler&Co. Beschuldigt den Rhein verschmutzt zu haben. Diese Firma produzierte Fuchsin, einen leuchtend roten Farbstoff. Durch dessen Produktion entstand arsenhaltiges Wasser, indem Anilin (einen aus Teer gewonnener Stoff) zusammen mit Arsensäure erhitzt wurde. Durch ein Versehen wurde damals die Abwasserschleuse geöffnet und das giftige Gemisch konnte in den Rhein fließen.
[40] Berhorst: S. 132.

deponiert. Von diesen Halden stiegen giftige Dämpfe auf und andere Stoffe versickerten in den Boden.

Doch wirtschaftliche Sanktionen hatten die Firmen nicht zu befürchten. Die neu entstandene Chemieindustrie war ein Teil der Industrialisierung und somit eine Antriebskraft für den Aufstieg des Deutschen Reiches zu einer großen Macht. Die Flüsse gerieten dabei zur Nebensache und wurden häufig als Abwasserkanäle genutzt. Doch man sollte die Firmen nicht voreilig verurteilen, denn man kann in keiner Weise die damalige Zeit mit der heutigen vergleichen. Das Umweltbewusstsein, welches heute größtenteils in der Bevölkerung vorherrscht, war zu der damaligen Zeit einfach noch nicht ausgeprägt gewesen. Zu Zeiten der Industrialisierung legten die Menschen Wert auf ein geregeltes Einkommen und waren sehr froh darüber, wenn sie in den neu entstandenen Fabriken Arbeitsplätze bekommen und somit vom Land in die Stadt ziehen konnten. Das Umweltbewusstsein setzte erst viele Jahre später ein und so verwundert es auch nicht, dass erst hundert Jahre später im Jahre 1960 der Staat die Gewässer mit dem Wasserhaushaltsgesetz schützte[41].

4. Giftgas im Ersten Weltkrieg

Mit dem Ausbruch des Ersten Weltkrieges durch das Attentat in Sarajevo am 28. Juni 1914 und dem Einmarsch der Deutschen über Luxemburg und Belgien nach Frankreich, sollte eine neue Ära der Kampfmittel und Kriegstechniken einsetzen[42]. Doch das später von vielen gefürchtete Giftgas spielte Anfangs des Krieges noch keine Rolle. Ganz im Gegenteil. Ziel des Schlieffen Plans war es, einen Stellungskrieg zu vermeiden und den schnellen Sieg über die Franzosen durch das Überraschungsmoment zu erringen[43]. Doch nach der Marneschlacht erstarrte die Front und die bis dahin eingesetzten Kampfmittel verzeichneten keine Erfolge mehr. Aus dem einstigen Bewegungskrieg, welcher schnell beendet werden und somit nur geringe Kräfte aufbrauchen sollte, wurde ein Stellungskrieg mit erheblichen Kosten an Material und Menschenleben[44].

---

[41] Berhorst: S. 137.
[42] Rother.
[43] Billstein: S. 106.
[44] Asmmus.

Der neu ernannte Generalstabschef Erich von Falkenhayn beauftragte in der zweiten Septemberhälfte 1914 Major Max Bauer, eine Gruppe von Fachleuten aus Militär und Chemie zu bilden, um den Einsatz chemischer Munition im Grabenkrieg zu prüfen. Die erste Idee ging von einer für die feindlichen Soldaten ungefährlichen Substanz aus. So sollten die Gegner in den Schützengräben nur kurzzeitig kampfunfähig machen, aber nicht giftig oder sogar tödlich sein. Deswegen setzte man bei den ersten Einsätzen der neuen Substanz für die Artilleriegeschosse nur Dianisidinsalz ein, welches bei den Feinden eine Nasen- und Augenreizung hervorrufen sollte. Doch die Wirkung wurde als unzureichend beschrieben, weil die Deutschen aus dieser Reaktion keinen Vorteil für sich ausmachen konnten[45]. Schon nach einem Einsatz wurde die neue Substanz im Oktober 1914 wieder abgeschafft. Daraufhin wurde die Gruppe von Max Bauer um einen weiteren Chemiker erweitert. Fritz Haber der Direktor des Kaiser-Wilhelm-Instituts für physikalische Chemie in Berlin, war der neue Mann in der Expertengruppe und hatte gleich die Idee den Krieg humaner zu gestalten, indem man ihn verkürzt. Darunter verstand er, dass man mit dem Einsatz von Giftgas die Feinde zur schnelleren Aufgabe zwingen konnte und damit viele Menschenleben rettete[46].

Quelle:
http://images.encarta.msn.com/xrefmedia/s
haremed/targets/images/pho/0005c/0005c0
4d.jpg

Haber arbeitete an Geschossen die mit Chlorgas, einen Lungenreizstoff, gefüllt waren. Doch aufgrund der in manchen Fällen nur wenige Meter voneinander liegenden Schützengräben, musste man von den Geschossen zu einer anderen Lösung kommen. Deswegen wurde eine neue Einheit innerhalb der Deutschen Armee gegründet. Die neu aufgestellten Gastruppen fungierten unter dem Deckmantel einer Desinfektionskompanie. Der erste Einsatz der Kompanien wurde in Ypern durchgeführt. Dort wurden auf einer Länge von sechs Kilometern die Gasflaschen eingegraben. Am Ende waren es 5700 Gasflaschen mit verflüssigtem Chlorgas, welche die Soldaten in den Schützengräben eingegraben hatten und deren Bleirohre über die Stellungen hinweg in Richtung Feind zielten[47]. Wichtig dabei war ein guter Wind. Er durfte nicht zu stark sein, dann wäre das Gas über die Schützengräben gezogen und ebenso nicht zu schwach, dann hätten die Gegner vor dem Gas fliehen können. Die Aktionen zum Eingraben der Flaschen wurden vorerst nur nachts durchgeführt, weil man zu viel Angst hatte vom

---

[45] Billstein: S. 112.
[46] Fudal.
[47] Billstein: S. 98.

Gegner entdeckt zu werden. Durch einen Artillerietreffer der Gegenseite wäre der Gasangriff dann schnell zur Gefahr für die eigenen Reihen geworden. Die ersten nächtlichen Aktionen wurden von Fritz Haber persönlich geleitet. Die Franzosen unterschätzten jedoch die Gefahr, obwohl sie durch einen Überläufer von den geplanten Gasangriffen wussten[48].

Am 22. April 1915 änderte sich dann das Wetter und gegen 18 Uhr eröffnete die Gaskompanie die Ventile. Nicht nur die französischen und britischen Soldaten starben an schlimmen Qualen, die sich durch Ohrensausen, Atembeschwerden, Blindheit bemerkbar machten, auch Tiere wurden durch das Giftgas getötet. Doch die Erfolge hielten sich leider in Grenzen und der gewünschte Zugang zum Meer wurde nicht realisiert. In den weiteren Kriegsjahren kam es immer wieder auf beiden Seiten zum Einsatz von Giftgas und viele Menschenleben fanden auf den Schlachtfeldern ihr Ende[49].

Französischer Giftgaseinsatz. Quelle:
http://www.maristen-
gymnasium.de/faecher/geschichte/projekte/8a_1wk/b
ilder/flandern_gas.jpg

---

[48] Billstein: S. 100.
[49] Billstein: S. 101f.

5. Fazit

Durch die Entwicklung der Waffen und der Techniken, welche in dieser Arbeit beschrieben werden sollten, wurden die Grundsteine des heutigen Heerwesens und der modernen Kriegstechnik gelegt. Dabei ist die Entdeckung des Schießpulvers wohl der elementarste Schritt zu Modernisierung des Krieges. Mit den anfänglichen Waffen konnten die Soldaten noch kaum schießen, weil sie so schwer und unhandlich zu bedienen waren. Mit der Hinterladertechnik konnten die Soldaten ihre Waffen schneller laden und es kam zu deutlicheren Zeitersparnissen. Die Industrialisierung sollte in diesem Zusammenhang eine wichtige Bedeutung erhalten. Durch die Massenproduktion von Waffen und Kriegsmaterialien konnten Armeen schneller ausgestatten und rekrutiert werden. Dieser Umschwung vollzog sich in der Mitte des 19. Jahrhunderts, als die Industrialisierung voll im Gange war und die europäischen Staaten immer weiter aufrüsten konnten. Den ersten Höhepunkt der neuen Möglichkeiten erreichte man zwangsläufig durch den Ersten Weltkrieg. Die vielen Materialschlachten des Krieges forderten nicht nur Millionen Menschenleben, sie zerstörten auch weite Teile der Umwelt und Natur[50]. Die Bilder der zerstörten Schlachtfelder von Verdun werden immer zugegen sein, wenn man sich über den „Großen Krieg" austauscht. Aber schon vor dem Krieg wurde die Umwelt öfters verschmutzt. Das lag an den neuen Industrien, welche im Zuge der Industrialisierung entstanden. Abwässer wurden in die Flüsse geleitet und damit das Ökosystem des Flusses aus dem Gleichgewicht gebracht. Doch die Folgen für die Schuldigen waren meist nur geringe Geldbeträge, weil zu jener Zeit das Umweltbewusstsein noch nicht so hoch entwickelt war, wie zu der heutigen Zeit. Deswegen fällt es schwer die Personen von damals nach heutigen Richtlinien zu beschuldigen.

Am Schluss soll noch gesagt sein, dass nicht alle Erfindungen jener Zeit die im Krieg eingesetzt wurden schlecht sind. Die Telegrafie und die Eisenbahn waren für den Deutschen Krieg sehr wichtig und doch sind diese Erfindungen heutzutage nicht mehr aus dem Leben wegzudenken.

---

[50] Biermann: S.131.

6. Literaturliste

ASMMUS, BURKHARDT (o.A.): Kriegsverlauf. Internet: http://www.dhm.de/lemo/html/wk1/kriegsverlauf/index.html. (27.08.2009).

BIERMANN, WERNER (2004): Albtraum Verdun. In: BEIL, CHRISTINE (Hrsg.): Der Erste Weltkrieg. Berlin: 131-163.

BILLSTEIN, HEINRICH (2004): Gashölle Verdun. In: BEIL, CHRISTINE (Hrsg.): Der Erste Weltkrieg. Berlin: 97-129.

BERHORST, RALF (2008): Die Giftmacher. In: GeoEpoche. Nr.30. Hamburg.

BRETSCHER, ULRICH (2009): Die Erfindung des Schwarzpulvers. Internet: http://www.musketeer.ch/blackpowder/geschichte.html. (30.08.2009).

CARMANN, W.Y. (2004): A History of Firearms. From Earliest Time to 1914. Dover.

DELBRÜCK, HANS (2000): Geschichte der Kriegskunst. Teil 2. Die Neuzeit. Berlin.

DREHER, MARTIN (2001): Athen und Sparta. München.

ESCALES, RICHARD (1914): Schwarzpulver und Sprengsalpeter. Leipzig.

FROMM, MEYER (1837): Archiv für die Offiziere der königlich preußischen Artillerie und Ingenieur-Korps. Dritter Jahrgang. Fünfter Band. Berlin.

FUDAL, ILONA, GUSTAV SCHIEMERT (o.A.): Kurze Geschichte der Giftgase. Internet: http://www.chf.de/eduthek/chemiewaffen.html. (30.08.2009).

HAFFNER, SEBASTIAN (1979): Preußen ohne Legende. Hamburg.

HEINEBERG, HEINZ (2006^3): Stadtgeographie. Paderborn.

HOLST, INSA; FISCHER, HENDRIK (2008): Das Ende der alten Zeit. In: GeoEpoche. Nr.30. Hamburg.

ORTENBURG, GEORG (1992): Waffen der Landsknechte. Bonn.

ORTENBURG, GEORG (1992): Waffen der Millionenheere. Bonn.

RADEMACHER, CAY (2006): Ein neues Reich aus Eisen und Blut. In: GeoEpoche. Nr. 23. Hamburg.

ROTHER, RAINER (o.A.): Der Erste Weltkrieg. Internet: http://www.dhm.de/lemo/html/wk1/index.html . (27.08.2009).